Sitzungsberichte
der Akademie der Wissenschaften
der DDR
Mathematik – Naturwissenschaften – Technik

4 N

1987

Werner Ebeling

Physik komplexer nichtlinearer Netzwerke und neue Wege der Informationsverarbeitung

AKADEMIE-VERLAG BERLIN

Sitzungsberichte
der Akademie der Wissenschaften
der DDR
Mathematik—Naturwissenschaften—Technik

Jahrgang 1987 · Nr. 4/N

Werner Ebeling

Physik komplexer nichtlinearer Netzwerke und neue Wege der Informationsverarbeitung

AKADEMIE-VERLAG BERLIN
1987

Vortrag von Werner Ebeling, Korrespondierendes Mitglied der Akademie der Wissenschaften der DDR, auf der gemeinsamen Sitzung der Klassen Physik und Kybernetik, Informatik und Automatisierung der AdW der DDR am 18. 12. 1986

Herausgegeben im Auftrage
des Präsidenten der Akademie
der Wissenschaften der DDR
von Vizepräsident Prof. Dr. Heinz Stiller

ISBN 3-05-500383-7
ISSN 0138-3965

Erschienen im Akademie-Verlag Berlin, DDR-1086 Berlin, Leipziger Str. 3–4

Lizenznummer: 202 · 100/370/87
Printed in the German Democratic Republic
Gesamtherstellung: VEB Druckhaus Köthen
LSV 1175
Bestellnummer: 763 805 2 (2010/87/4/N)
00300

1. Einleitung

In diesem Vortrag soll über einen neuen Typ informationsverarbeitender Systeme berichtet werden, der seit knapp 5 Jahren unter maßgeblicher Beteiligung von Physikern entwickelt wurde. Zwar stecken diese Informationsmaschinen (nicht ganz zu Recht auch Neuronen-Computer genannt) noch in den Kinderschuhen. Sie haben aber in verschiedenen Laboren schon eine beachtliche Leistungsfähigkeit bewiesen, Prototypen sind bereits auf dem Markt. Was die älteren Typen von Netzwerkmaschinen wie die Lernmatrix von Steinbuch und das Perzeptron von Rosenblatt, Minsky und Papert letztlich nicht bringen konnten, das leisten einige der neukonzipierten Netzwerkmaschinen. Für ihren Entwurf waren modernste Konzept der theoretischen Physik wie die Theorie der Spingläser und die Theorie dynamischer Systeme notwendige Voraussetzungen. Bevor wir auf das Prinzip eingehen, soll die Gesamtproblematik kurz skizziert werden, wozu wir etwas ausholen müssen.

2. Welche Aufgaben sollen Netzwerk-Maschinen lösen ?

Die heutige automatische Informationsverarbeitung (IV) beruht von der Theorie her auf dem Grundschema eines Rechners, das der geniale ungarische Physiker und Mathematiker Johann von Neumann entworfen hat: Informationsprozesse werden in Sequenzen binärer logischer Operationen zerlegt. Zu den überzeugenden Vorteilen der von Neumann-Rechner gehören Programmierbarkeit und Universalität. Zumindest im Prinzip können damit fast beliebige Aufgaben gelöst werden. Praktisch d.h. in hardware wird der von Neumann-Rechner heute auf der Basis elektronischer Prozesse in Si-Chip-Schaltkreisen realisiert. Über die ungeheure Bedeutung dieser modernen Computer-Generation braucht hier kein Wort mehr verloren zu werden. Die Experten verweisen jedoch zu Recht auch immer wieder auf die qualitativen Grenzen der heutigen Rechnergeneration. Der amerikanische Computer-Experte Conrad aus Detroit, ein weltweit anerkannter Fachmann, der 1980 auch zu einem Besuch im ZKI in Berlin weilte, gehört dazu. Eine prägnante Kurzfassung seiner Überlegungen findet man im Oktoberheft von IEEE Spectrum, einer der meistgelesenen Fachzeitschriften für Ingenieure (Auflage: 1/4 Million). Conrad nennt als Beispiele das Problem der Erkennung von Strukturen und Mustern, das Entwurfsproblem komplexer Systeme wie z.B. mikroelektronischer Chips und das Entscheidungsproblem in komplexen Situationen. Die modernen von Neumann – Rechner können zwar im Prinzip alles, was programmierbar ist, aber sie werden mit bestimmten Aufgaben nur mit großem Aufwand fertig. Insbesondere betrifft das den Aufwand für software. Nehmen wir ein Beispiel: Was stellt dieses Objekt (Abb. 1) dar? Es handelt sich um den sogenannten Hofstadter-Würfel. Sogar ein Kind wüßte diese Aufgabe schnell, effektiv und erfolgreich zu lösen. Der Lösungsalgorithmus lautet: Man nehme den Würfel in

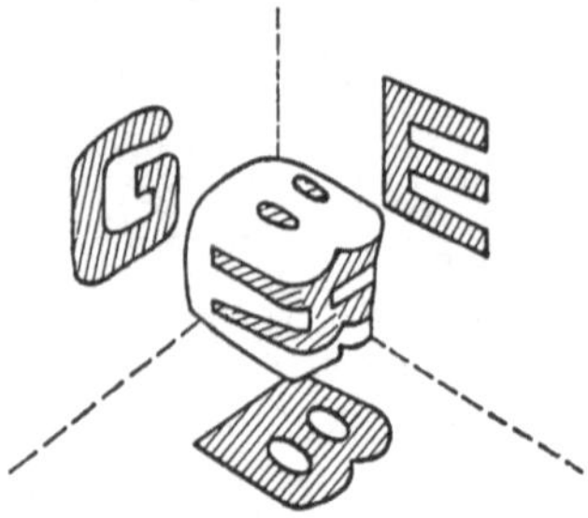

Abb. 1 Ein Erkennungsproblem: Der Hofstadter Würfel

die Hand, drehe ihn und schaue ihn von verschiedenen Seiten an, wobei die Buchstabenprofile erkennbar werden. Könnte das auch ein Computer, der mit einem Roboter zusammenarbeitet? Im Prinzip ja; aber das erforderliche Programm wäre nur mit hohem Aufwand an soft- und hardware realisierbar. Oder ein anderes Beispiel: Kleine Kinder erkennen die Stimme der Mutter unter Tausenden, sie unterscheiden mühelos Tierarten, Fahrzeugtypen, können das Alter von Personen schätzen, den Charakter von komplexen Situationen beurteilen, erkennen z. B. Gefahren, denen sie ausweichen. Conrad betrachtet als entscheidende Nachteile der heutigen Generation der Informationsverarbeitung den Mangel von Lernfähigkeit, Anpaßfähigkeit und Effektivität sowie die hohe Störanfälligkeit. Bei einem Rechenprozeß arbeiten in modernen Computern nur etwa 10% der Elemente, die übrigen 90% ruhen. Weiterhin bedeutet die feste Verschaltung eine hohe Störanfälligkeit, jeder äußere Eingriff zerstört das System. Bekanntlich werden solche Probleme im Rahmen der Informationsverarbeitung in Organismen mühelos gelöst. Erkennungs- und Entscheidungsprobleme werden sogar von primitiven Organismen gemeistert, Anpaßfähigkeit und Lernfähigkeit sind gut entwickelt und durch Parallelverarbeitung wird eine geringe Störanfälligkeit erreicht. Die Nachteile der biologischen Informationsverarbeitung sind dagegen ihre Langsamkeit (Signalgeschwindigkeit 10–100 m/s) und das Fehlen von Universalität und Programmierbarkeit.

Conrad hat dazu einige grundsätzliche Überlegungen angestellt und das sogenannte Kostenprinzip formuliert. Es besagt, daß man nicht alle gewünschten Eigenschaften eines Rechners wie Programmierbarkeit, Universalität, Effektivität, Anpaßfähigkeit, Lernfähigkeit und Störsicherheit gleichzeitig haben kann.

Die von Neumann-Computer sind in bezug auf Programmierbarkeit und Universalität optimiert, die organismischen Informationssysteme in bezug auf Effektivität, Lernfähigkeit und Störsicherheit.

Von diesen Überlegungen ausgehend, wurde in vielen hochindustrialisierten Ländern die Aufgabe gestellt, einen neuen Typ von Informationssystemen zu entwickeln, welcher die von Neumann-Computer in geeigneter Weise ergänzt. Wir betonen ergänzt, nicht ersetzt. Diese neuen Informationssysteme, welche eigentlich nicht die Bezeichnung „Rechner" beanspruchen können, wollen wir Informationsmaschinen nennen. Sie dienen der Umformung von Information ebenso wie die Kraftmaschinen der Umwandlung von Energie in andere Formen. Mit anderen Worten, sie sind Maschinen, welche verschiedene Entropieformen ineinander umwandeln. Die hier vorzustellenden Netzwerk-Maschinen orientieren sich am Vorbild der Neuronennetze, ohne deren Struktur im Detail nachahmen zu wollen. Wegen der ungeheuren Komplexität von realen Neuronennetzen können Netzwerk-Maschinen bestenfalls einige Aspekte ersterer simulieren. Deshalb ist der Ausdruck „Neuronencomputer" u.E. nicht besonders glücklich und wird von uns vermieden werden.

3. Begriffsbestimmung und Forschungsrichtungen

Eine Netzwerk-Maschine besteht schematisch aus einem System (Abb. 2) von *n* Elementen, die stochastisch miteinander verknüpft werden können. Das System besitzt einen Eingang, einen Ausgang und eine innere stochastische Dynamik. Jedem Netzwerk kann ein farbiger Graph zugeordnet werden; die den Kanten zugeordnete Matrix heißt synaptische Matrix. Die Farbe des Knotens bezeichnet den internen Zustand, z.B. Ein oder Aus. Die Verknüpfungen sollen variabel sein und einer bestimmten Dynamik folgen. In der Regel hat das System eine schnelle stochastische Dynamik und eine langsame adaptive Dynamik (Prinzip der Doppeldynamik nach Conrad). Weitreichende Kopplungen werden ausdrücklich zugelassen. Systeme dieses Typs haben u.a. in der Kybernetik, der Physik, der Theorie elektrischer Netzwerke, der Theorie linearer Filter, der Theorie der Neuronensysteme schon eine gewisse Tradition.

Der Vater der Netzwerk-Theorie ist bekanntlich Gustav Robert Kirchhoff, der von 1876 bis 1889 an der Berliner Universität den ersten Lehrstuhl für theoretische Physik innehatte und den wir neben Helmholtz als den Pionier der theoretischen Physik in Berlin betrachten dürfen. Für die spezielleren Netzwerke, die wir hier betrachten, sind die Modelle von Steinbuch, McCulloch und Pitts, von Grossberg, von Rosenblatt

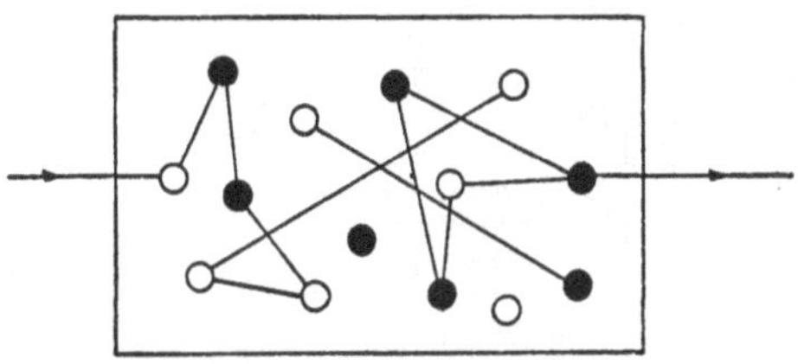

Abb. 2 Eine Netzwerk-Maschine besteht aus *n* Knoten, deren Farbe stochastisch fluktuiert und „synaptischen" Verbindungen, die langsam und adaptiv modifiziert werden

und Minsky, von Hinton und Sejnowski sowie von Kirkpatrick und Huberman von besonderer Relevanz.

Wir erwähnen auch die enge Beziehung der betrachteten stochastischen Netzwerke zur Theorie stochastischer zellulärer Automaten, die wiederum auf von Neumann zurückgeht, auf seine Vorlesung "The General and. Logical Theory of Automata" (September 1948). Trotz vieler Gemeinsamkeiten mit klassischen wohl untersuchten Netzwerk-Typen gibt es eine Reihe von Besonderheiten der hier betrachteten Netzwerke, die in folgendem bestehen:

(i) Die Dynamik der Zustandsänderungen ist stochastich, nichtlinear und asynchron.

(ii) Die Zustände der Knoten sind bi- oder multistabil, die Zustände des Gesamtsystems sind „frustriert" und die Anzahl der alternativen Zustände wächst exponentiell mit der Knotenzahl (NP-Vollständigkeit!).

Wie ist der Stand der Forschungsarbeiten bei uns und auch international? Uns ist nicht bekannt, ob es dazu schon eine gründliche Analyse gibt. Deshalb wird die nachfolgende Analyse nicht frei von subjektiven Einschätzungen sein können. Unsere Forschungsgruppe an der Humboldt-Universität zu Berlin, die im Rahmen der FR „Klassische theoretische Physik" nichtlineare irreversible Prozesse bearbeitet, stieß vor etwa 2 Jahren auf diese neue Problematik. In Zusammenarbeit mit Kollegen aus der Arbeitsgruppe klassische nichtlineare Prozesse der Klasse Physik sowie interessierten Kollegen aus dem Zentralinstitut für physikalische Chemie, dem Zentrum für wissenschaftlichen Gerätebau, dem Volterra-Seminar und sowjetischen Kollegen haben wir erste theoretische Arbeiten dazu gemacht. Bei USA-Aufenthalten in diesem Jahr haben wir festgestellt, daß die Arbeiten zur unkonventionellen Informatik dort in hohem Tempo voranschreiten. Wie ist der internationale Stand aus persönlicher Sicht, der Sicht eines Physikers. Betrachten wir das folgende Schema:

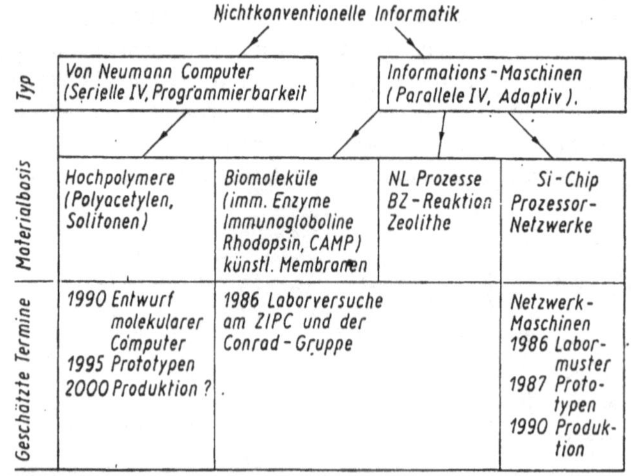

Schema 1

6. Typische Probleme und Netzwerke der komplexen Optimierung

Optimierung ist ohne Zweifel eine der Hauptaufgaben der modernen Ökonomie und Technologie. Die Gesellschaft braucht Lösungen, die einfach, zuverlässig und preiswert sind. Wir besprechen nun eine spezielle Klasse von schwierigen Optimierungsaufgaben, deren Repräsentanten in ganz verschiedenen Gebieten der Wirtschaft und Technik angesiedelt sind.

Beispiel 1: In der Mikroelektronik besteht die Aufgabe, eine gegebene relativ große Menge von Schaltkreisen $n = 10^2 - 10^7$ nach einem vorgegebenen Schaltschema durch Leiterbahnen zu verbinden. Wie ordnet man die Elemente am günstigsten auf dem Chip an, damit die Leiterbahnen eine möglichst kleine Gesamtlänge haben. In der Praxis sind dabei natürlich noch viele Nebenbedingungen wie z. B. Vermeidung von Kreuzungen usw. zu beachten.

Beispiel 2: In der chemischen Technologie existiert das Problem, aus einer gegebenen großen Menge von n Blechen mit konischer Bohrung von verschiedenem Durchmesser eine Düse zusammenzusetzen, die eine maximale Reaktionsausbeute liefert ($n \gg 1$).

Beispiel 3: Die Optimierung von Transportleistungen in der Ökonomie erfordert es, die Empfänger in einer Reihenfolge anzulaufen, welche den kürzesten Transportweg liefert. Dieses Problem ist als „Problem des reisenden Handelsmannes" schon von vielen hervorragenden Mathematikern bearbeitet worden. Der reisende Handelsmann soll eine gegebene Zahl von n Städten ($n \gg 1$) in einer Reihenfolge besuchen, welche den kürzesten Gesamtweg garantiert.

Für kleine Zahlen von n können die entsprechenden Aufgaben mit vertretbarem Aufwand bearbeitet werden, aber für große n sind diese Probleme so schwierig, daß sie auch von den größten existierenden Computern nur mit erheblichem Aufwand näherungsweise lösbar sind. Der Grund besteht darin, daß der Aufwand nicht wie sonst üblich mit einer Potenz von n d.h. wie n^k sondern exponentiell mit n wächst, d.h. wie $\exp(\beta n)$. Die Mathematiker bezeichnen die Klasse dieser Probleme als NP-vollständig und haben nachgewiesen, daß der Schwierigkeitsgrad für die verschiedenen Elemente der Klasse von der gleichen Größenordnung ist.

Lassen Sie mich die oben kurz skizzierte Problemklasse nun in der Netzwerk-Sprache formulieren und dabei nur noch den einfachsten Repräsentanten, das Problem des reisenden Handelsmannes explizit betrachten.

Gegeben ist ein System von $n \gg 1$ Netzwerkelementen (Knoten), gesucht ist ein geschlossener Kantenweg, ein Ring, der im Rahmen einer passenden Metrik möglichst kurz ist. Der Lösungsweg einer zunächst gedachten Netzwerk-Maschine besteht darin, ausgehend von einer willkürlichen Anfangsstruktur des Ringes durch stochastische Variation der Kanten möglichst dicht an das unbekannte Optimum heranzukommen. Es existiert eine große Zahl mathematischer Arbeiten dazu, welche neben der klassischen Gradientenstrategie noch eine Reihe weiterer praktikabler Lösungen lieferten. Einen ganz neuen physikalisch motivierten Zugang brachte die Arbeit von Kirkpatrick, Gelatt und Vecchi, die 1983 in Science vorgestellt wurde. Die Autoren, welche Physiker sind, nannten ihre Methode Strategie des simulierten Ausglühens (simulated annealing). Die Idee ist bestechend einfach. Man simuliere einen Prozeß der stochastischen Variation der Ringe mit Übergangswahrscheinlichkeiten nach Boltzmann, die einer Pseudo-Temperatur T entsprechen (Monte-Carlo-Technik, Metropolis-Algorithmus). Man beginne mit hohen Temperaturen und senke dann die Temperatur ab. Als Hamiltonfunktion dient die Gesamtlänge des Weges

$$H = L = \Sigma L_{ij}.$$

Mit anderen Worten, man packe das Problem so an wie der Hochöfner, der einen guten Stahl produzieren möchte. Die Methode des simulierten Ausglühens, auch Boltzmann-Strategie genannt, ist auch in unserem Lande u.a. am Bereich Berechnungstheorie der Humboldt-Universität und. am Zentralinstitut für Kybernetik und Informationsprozesse aufgegriffen und erfolgreich bearbeitet worden. Eine spezielle neue Variante wurde auch in der Forschungsgruppe des Verfassers entwickelt, sie beruht auf einer Kombination von Boltzmann-Strategie und Darwin-Strategie. Am Anfang der Untersuchung stand folgende Überlegung: Die Betrachtung der Evolution in der realen Welt zeigt, daß neben thermodynamischen Prozessen insbesondere Darwinsche Prozesse unbedingt erforderlich sind, um aus Ansammlungen wechselwirkender Atome komplexe Systeme mit qualitativ neuen Eigenschaften hervorzubringen. Mit A. Engel wurde ein theoretischer Beweis der Vorteile gemischter Strategien und schließlich mit T. Boseniuk eine Demonstration durch Simulation auf einem Personal-Computer erbracht. Simuliert wurde die Suche von Handelsleuten, welche 100 stochastisch auf einem Quadrat angeordnete Städte zu besuchen haben, nach dem kürzesten Weg.

Es wurden 3 Strategien systematisch miteinander verglichen.

(i) Stochastische Gradientenstrategie: Die Ring-Wege werden stochastisch abgeändert (schnelle Dynamik). Positive Resultate d.h. solche, die verkürzten Wegen entsprechen, werden sofort akzeptiert, negative Änderungen werden nicht ausgeführt.

(ii) Simulierte Abkühlung: Positive Resultate von Mutationen werden stets akzeptiert, negative Änderungen werden mit einer kleinen Wahrscheinlichkeit

$$\exp(-H/T)$$

ausgeführt. Diese Annahme ermöglicht es dem System, ungünstige Nebenminima wieder in Richtung besserer Minima zu verlassen. Die Temperatur wird langsam abgesenkt (langsame Dynamik).

(iii) Gemischte Darwin-Strategie: Es wird ein Ensemble von n Handelsleuten betrachtet, welche in gewissen stochastisch verteilten Zeitabständen paarweise einen Vergleich vornehmen. Der schlechtere Handelsmann übernimmt nach dem Vergleich den besseren Weg. Im Lauf der weiteren Entwicklung werden sich die Wege beider Handelsleute wegen des stochastischen Mutationsprozesses in der Regel wieder trennen.

Die Abb. 3 zeigt einen Vergleich der besten Resultate, welche 10 Handelsleute unter Benutzung der 3 Strategien in unseren Computer-Simulationen erreichten. Die Abb. 4 zeigt die besten Wege. Es wurden jeweils 50 Läufe durchgeführt. Man erkennt, daß die gemischte Strategie die anderen beiden deutlich übertrifft. Wir hatten bisher leider nicht die Möglichkeit, unsere Methode an praxisnäheren Aufgaben, wie sie z. B. beim Entwurfsproblem der Mikroelektronik anfallen, zu testen.

Die oben demonstrierten stochastischen Ring-Netzwerke waren sozusagen eine erste Kraftprobe für die Arbeit mit Netzwerkmaschinen. Diese Netzwerke werden im Computer-Modell und inzwischen auch in Hardware recht gut beherrscht. Die Gruppe von David Tank aus den Bell-Laboratorien stellte im Juni 1986 auf einer Konferenz in Boston Si-Chips vor, die über die Messung des Stromes auf einem Chip mit $n \times n$

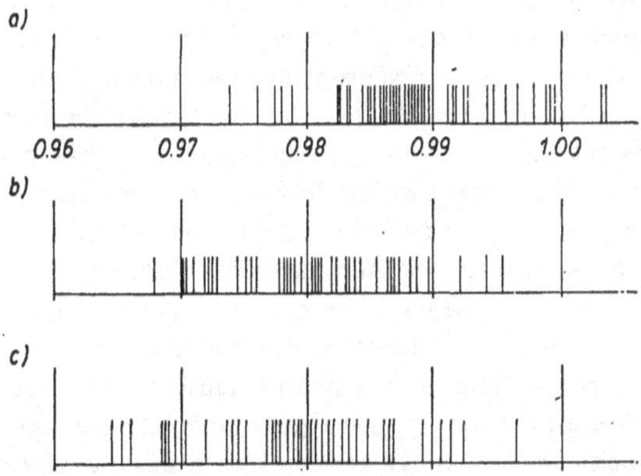

Abb. 3 Die jeweils besten Resultate von 50 Läufen der Kollektive bestehend aus 10 Handelsleuten (Boseniuk et al., 1986)
a) Stochastische Gradientenstrategie; b) Mit Einbeziehung simulierten Ausglühens; c) Mit Einbeziehung von Ausglühen und Wettbewerb

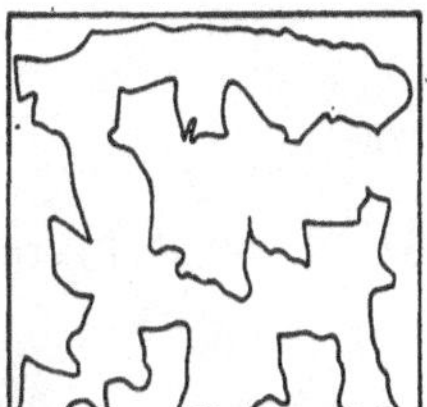

Abb. 4 Der beste Weg (Ausglühen und Wettbewerb)

Bauelementen das Problem des reisenden Handelsmannes sozusagen mit VLSI-Technologie lösen. Die damit mögliche hohe Flächendichte der Elemente gestattet es, die Zahl der Städte relativ groß zu machen. Wer serienmäßig Probleme vom Typ des reisenden Handelsmannes zu lösen hat, wird vermutlich in naher Zukunft besser auf einen Chip zurückgreifen, statt große Kapazitäten an Computerzeit zu binden.

Wir wenden uns nun der zweiten Problemklasse zu.

7. Mustererkennung durch Netzwerke mit assoziativem Gedächtnis

Der Prototyp der zu lösenden Aufgabe soll darin bestehen, Buchstaben, die in bezug auf die Form stark variieren, richtig in die Klassen A, B, C usw. einzuteilen. Alle Buchstaben der Gestalt A, $\mathscr{A}$, α usw. sollen als zur Klasse A gehörig erkannt werden. Dieser Problemtyp, auch das automatische Lesen von Texten inclusive Handschriften gehört dazu, ist eine schwierige Aufgabe für die Computer-Wissenschaft. Den entscheidenden Vorschlag zur Lösung des Problems mit Hilfe stochastischer Netzwerke publizierte 1982 Hopfield, der im California Institute of Technology und in den Bell Laboratories arbeitet. Hopfields Arbeit heißt „Neurale Netzwerke und physikalische Systeme mit immanenten Fähigkeiten des Rechnens". Die wichtigste Leistung besteht u.E. darin, eine Brücke zwischen der biologischen Neuronentheorie und der physikalischen Theorie der Spingläser gefunden zu haben. Diesen Namen trägt ein spezieller Typ von magnetisierbaren Gläsern mit sehr merkwürdigen physikalischen Eigenschaften. Die Theorie der Spingläser ist seit Jahren das Lieblingsfeld der führenden theoretischen Physiker. Aus diesem Grunde ist die physikalische Theorie hochentwickelt, es gibt fast so etwas wie eine Kultur der Spinglastheorie. Die entscheidende physikalische Besonderheit von Spingläsern gegenüber normalen Gläsern besteht darin, daß hier ein Netzwerk von Bindungskräften mit verschiedenen Vorzeichen und relativ großer Reichweite vorliegt, die weit über die nächsten Nachbarn hinausgeht. Die Übertragung von Elementen der hoch entwickelten Spinglastheorie auf Neuronennetze erwies sich als außerordentlich fruchtbar. Es konnten Netzwerkmaschinen konzipiert werden, die so interessante Eigenschaften zeigen, wie assoziatives Gedächtnis, Vergessen, Verlernen, Umstrukturieren in Traumphasen usw. Wir besprechen nur das Prinzip am Beispiel der Buchstabenerkennung. Der Grundgedanke ist folgender: Es wird ein (gg) Spingitter (Abb. 5) mit $n = g^2$ Zuständen

$$S_i = \pm 1$$

und der Hamiltonfunktion

$$H = - \sum_{i<j} T_{ij} S_i S_j$$

betrachtet, wobei T_{ij} die Wechselwirkungsmatrix ist. Wir definieren die lokale Energie durch

$$H_i = - \sum_j T_{ij} S_j$$

$$H = \sum_i H_i S_i$$

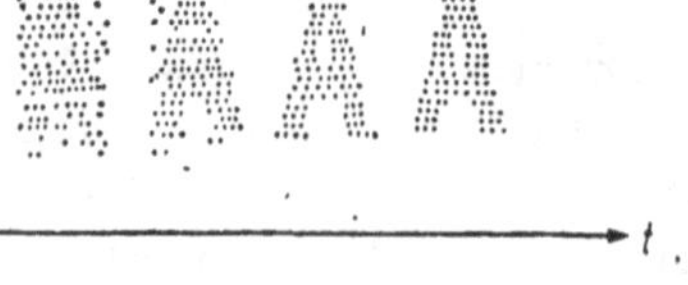

Abb. 5 Zeitliche Entwicklung eines Musters auf einem Netzwerk mit assoziativen Gedächtnis für A (nach Kinzel, 1985)

Die Spins mögen einer stochastischen Flip-Dynamik folgen. Im einfachsten Falle wird festgelegt

$$S_i \rightarrow +1 \text{ wenn } H_i > 0$$

$$S_i \rightarrow -1 \text{ wenn } H_i < 0.$$

Um das Muster

$$S^{(1)} = (S_1^{(1)} S_2^{(1)} \dots S_n^{(1)})$$

dem „Gedächtnis" aufzuprägen, wird die Hepp-Cooper-Vorschrift

$$T_{ij} = S_i^{(1)} S_j^{(1)}$$

gewählt. Man kann dann zeigen, daß jeder Anfangszustand des Gitters gegen das Muster $S^{(1)}$ konvergiert. Um m Muster zu merken, wird

$$T_{ij} = \sum_{k=1}^{m} S_i^{(k)} S_j^{(k)}$$

gewählt. Anfangszustände in der Nähe des Musters $S^{(l)}$ konvergieren dann gegen $S^{(l)}$ und Anfangszustände in der Nähe von $S^{(m)}$ konvergieren gegen $S^{(m)}$. Das Spingitter ist in der Lage, Muster zu erkennen. Ein Beispiel zeigt die Abb. 5. Anstelle der oben beschriebenen einfachen Flip-Dynamik wird häufig eine Boltzmann-Dynamik verwendet mit

$$p(S_i \rightarrow S_i') \sim \begin{cases} \exp(-\delta H/T), & \delta H > 0 \\ 1 & , \delta H \lesssim 0 \end{cases}$$

wobei δH die mit der Zustandsänderung $S_i \rightarrow S_i'$ verknüpfte Energieänderung ist. In einer großen Zahl von Arbeiten wurde inzwischen die Leistungsfähigkeit von Spingittern als assoziatives Gedächtnis nachgewiesen. Zum Beispiel können Buchstaben erkannt werden. Macht man die Anzahl der eingeprägten Muster zu groß, $m \gtrsim 0.15n$, so gerät das Netzwerk in Konfusion, es versagt vollständig. Parisi hat eine Variante vorgeschlagen, welche diesen unerwünschten Effekt vermeidet, sie beruht darauf, daß beim Aufprägen neuer Muster einige der alten teilweise vergessen werden. Man hat eine Reihe sehr interessanter Analogien des Hopfield-Netzwerkes mit dem menschlichen Gedächtnis nachweisen können bis hin zu Effekten, die an die Rolle der Träume bei der Verarbeitung von Gelerntem erinnern (REM-Schlaf).

8. Adaptive Netzwerke, Lernverhalten

Die Hopfield-Netzwerke haben eine feste Kopplungsmatrix (synaptische Matrix), die höchstens durch zusätzliche Speicherinhalte erweitert werden kann. Ein allgemeineres Netzwerk-Prinzip benutzt die Boltzmann-Maschine, die auf Arbeiten von Ackley, Hinton und Sejnowski aus dem Jahre 1985 zurückgeht. Die Theorie dieser vielversprechenden Lern-Maschinen ist noch wenig entwickelt, umso erstaunlicher sind die schon punktuell erreichten Leistungen. Als Boltzmann-Maschine werden wir im folgenden ein stochastisches Netzwerk mit folgenden Basiselementen bezeichnen (Abb. 6):

1. Das Netzwerk hat eine hierarchische Ordnung und besteht aus einer Eingangs- und einer Ausgangsebene; dazwischen liegt eine interne Ebene.

2. Zwischen den Knoten in den 3 Ebenen bestehen stochastische Kopplungen; es existiert eine Hamiltonfunktion.

3. Die Zustände der Knoten (Spins oder Farben) sind einer Flip-Dynamik unterworfen, welche Boltzmannübergängen entsprechen.

4. Das System läuft abwechselnd in einer Belehrungsphase mit festgeklemmten Input-Output-Relationen, einer Testphase mit festgeklemmtem Input und freiem Output und einer Korrekturphase.

5. Proportional zur vorhandenen Abweichung der gewünschten von der tatsächlichen Input-Output-Relation wird die Kopplungsmatrix korrigiert.

6. Die Maschine wird solange trainiert (Wechsel der Phasen) bis sie bei gegebenem Input den gewünschten Output bei freiem Spiel der Dynamik erzielt. Es hat dann sozusagen „gelernt", einem gegebenen Input mit Hilfe seiner inneren Dynamik einen Output sicher zuzuordnen.

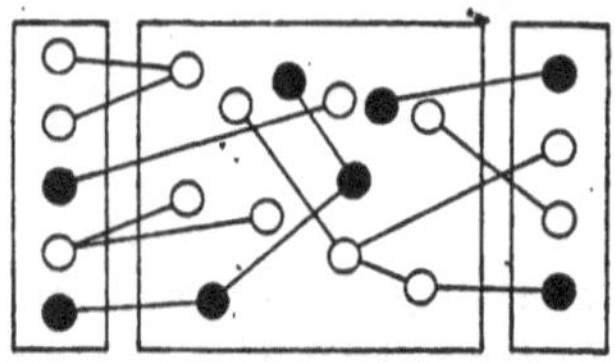

Abb. 6 Prinzip einer Boltzmann-Maschine mit Input-Ebene, interner Ebene und Output-Ebene

Die Boltzmann-Maschine ist ein trainierbares Netzwerk; es erfordert einen Trainer, welcher die gewünschten Input-Output-Relationen kennt und davon ausgehend entsprechend den Abweichungen von der Zielrelation die Korrekturen steuert. Die Dynamik der Korrektur ist langsam und adaptiv; dagegen ist die Dynamik der Zustands-Flips schnell und entspricht einem Boltzmann-Prozeß. Die Leistungsfähigkeit von Boltzmann-Maschinen ist erstaunlich. So können die Maschinen nach entsprechendem Training lernen, Figuren in bezug auf die Symmetrieklassen, zu denen sie gehören, auch bei beliebiger Orientierung richtig einzuordnen. Eine noch eindrucksvollere Lernleistung hat Sejnowski 1986 auf verschiedenen Konferenzen in den USA vorgestellt. Eine Boltzmann-Maschine wurde darin unterwiesen, laut einen unbekannten Text vorzulesen. Das Problem besteht darin, einem gegebenen gedruckten Wort ein lautrichtiges akustisches Signal zuzuordnen. Es wurden Boltzmann-Maschinen demonstriert, welche nach längerem Training etwa die Lesequalität eines Kindes im 2.–3. Schuljahr erreichten. Dabei werden auch typische Lernfehler beobachtet, die z.B. seltene Worte und Ausnahmen betreffen. Andere Experimente betreffen den Effekt von Wiederholungen, von Lernpausen usw. Bei Zerstörung von 65% der Verbindungen im Netzwerk geht die Fähigkeit zum Vorlesen verloren, die Geschwindigkeit des Wiederlernens ist jedoch weit höher als beim ersten Lernen. Die vorliegenden Experimente zeigen, daß die Boltzmann-Maschine geeignet ist, psychologische Hypothesen zu testen. Der Einsatzbereich von Boltzmann-Maschinen ist längst nicht ausgeschöpft.

9. Realisierungen von Netzwerken in Hardware

Gegenstand der bisherigen Ausführungen war die Modell-Ebene mit Einschluß von Computer-Simulationen. Auf dieser Ebene sind bereits große Fortschritte erzielt worden. Wir betrachten nun die möglichen bzw. schon existierenden Realisierungen in Hardware. Die Zielstellungen der Untersuchungen geht dahin, solche Netzwerke, die auf der Modellebene ihre Leistungsfähigkeit gezeigt haben, möglichst einfach und elegant physikalisch umzusetzen, wobei selbstverständlich der Stand der Technik, d.h. die VLSI-Technologie zu berücksichtigen ist. Über eine spezielle Hardware-Realisierung, den Chip für das Problem des reisenden Handelsmannes wurde bereits berichtet. Seine Funktion beruht auf Strommessungen an einem Netzwerk, welches n^2 nichtlineare aktive *RC*-Kreise durch Leiterbahnen miteinander verknüpft. Die in den Bell-Laboratorien in Erprobung befindliche Variante ist aus *RC*-Kreisen der in Abb. 7 dargestellten Struktur zusammen gesetzt. Jedes Element besitzt mehrere Eingänge und Ausgänge und erinnert damit an die Neuronen-Struktur. Die Kirchhoffschen Bilanzgleichungen für den Stromknoten i lauten

$$C_i \frac{du_i}{dt} + \frac{u_i}{R_i} - \sum_j T_{ij} V_j = I_i$$

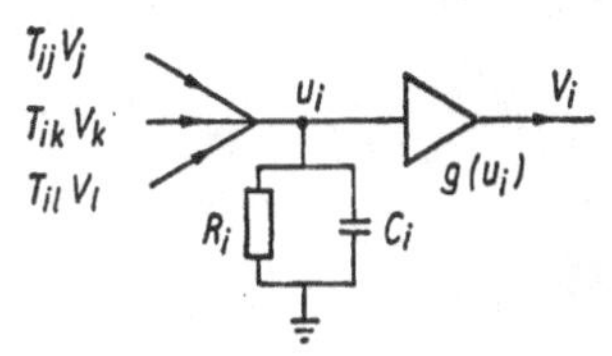

Abb. 7 Nichtlinearer RC-Kreis aus denen Netzwerke mit Hilfe von Technologien der Mikroelektronik zusammensetzbar sind

wobei $T_{ij}V_j$ für die synaptischen Eingangsströme steht und I_i den Ausgangsstrom bezeichnet. Zwischen der Spannung am *RC*-Kreis u_i und der Ausgangsspannung wird eine Abbildung mit nichtlinearer Kennlinie angenommen

$$V_i = g(u_i),$$

wobei g eine Sigmoid-Funktion ist. Damit gewinnt der RC-Kreis die Fähigkeit, aktiv zu sein (zu feuern) oder zu blockieren. Wieder ist eine Analogie zur Nervenzelle durchaus erkennbar. Wie man beweisen kann, besitzt das Netzwerk die Hamiltonfunktion

$$H = -\frac{1}{2}\sum_{ij} T_{ij}V_iV_j - \sum_i I_iV_i + \sum_i \frac{1}{R_i}\int_0^{V_i} g^{-1}(V)dV.$$

Man kann mit diesem System bei fester Verschaltung leicht eine Gradienten-Strategie realisieren, da

$$\frac{dH}{dt} \leq 0$$

gilt (H ist eine Lyapunov-Funktion des Systems für $T_{ij} = T_{ji}$). Die Strategie zur Entwicklung von Bauelementen sieht so aus, daß man zunächst im Computer-Modell eine „günstige" synaptische Matrix sucht und dann die entsprechenden Leiterbahnen auf dem Si-Chip anbringt. Wegen der festen Verdrahtung können solche RC-Netzwerke nur *eine* Aufgabe lösen wie z. B. das Erkennen einer Objektklasse. Potentielle Anwendungen dürften besonders in der Massenkontrolle billiger Produkte und in automatischen Anlagen zur schnellen und zuverlässigen Identifikation von Objekten liegen. Der Nachteil von Netzwerken, die in der Si-Technologie hergestellt werden, liegt in der mangelnden Variabilität der Verdrahtung; die synaptische Matrix wird nach der Erprobungsphase festgeschrieben. Eine wesentlich größere Flexibilität zeigen optische Realisierungen, die zumindest als unvollkommene Labormuster ebenfalls bereits in der Erprobung sind. Die Rolle der synaptischen Matrix übernimmt dabei ein Volumen- oder Flächenhologramm. Dadurch wird eine hohe Flexibilität und Variabilität gesichert. Es sind zwei Grundtypen in der Erprobung:

(i) Als Knoten fungieren transparente Scheiben in einem Schirm, die nichtlineare optische Eigenschaften besitzen (Bistabilität). Durch halbdurchlässige Spiegel werden die Strahlen wieder auf den Schirm, und zwar entsprechend der synaptischen Matrix gezielt auf andere Scheiben gelenkt. Die Steuerung erfolgt über ein Volumenhologramm. Eine Prinzipschaltung zeigt Abb. 8.

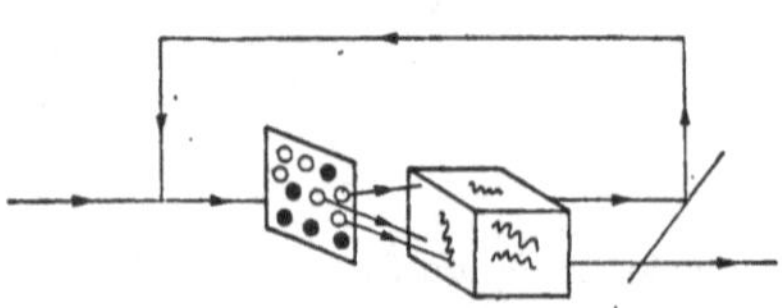

Abb. 8 Schema eines optischen Netzwerkes mit nichtlinearen transparenten Blenden und Volumenhologramm (synapt. Matrix)

(ii) Als Knoten fungieren GaAs-LED und Detektoren, die über eine VLSI-Technologie auf einem Chip angeordnet werden. Die synaptische Matrix wird über einen darüberliegenden Spiegel mit einem Flächenhologramm dargestellt (Abb. 9).

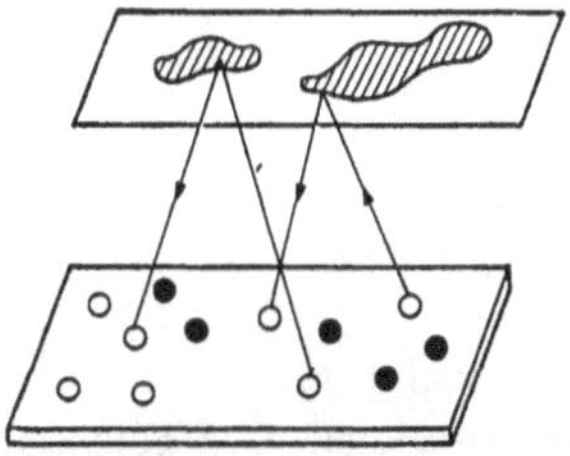

Abb. 9 Schema eines optischen Netzwerkes mit LEDs und Detektoren an einer Si-Scheibe sowie Spiegeln mit Flächenhologramm

Es besteht wohl kaum ein Zweifel, daß optische Verknüpfungen der Netzwerke eine besonders elegante Lösung darstellen. Bekanntlich ist die anfängliche Euphorie in bezug auf die Realisierbarkeit digitaler optischer Computer seit den 70er Jahren einer sehr nüchternen Einschätzung gewichen. Man darf jedoch nicht übersehen, daß seit wenigen Jahren sehr leistungsfähige nichtlineare optische Bauelemente zur Verfügung stehen. Dazu dürfen auch die von Hennebergers Gruppe entwickelten Bauelemente gezählt werden.

In verschiedenen Forschungslaboratorien der Welt ist man zur Zeit dabei, die Eignung der neuen optischen Bauelemente für die Konstruktion von Netzwerk-Maschinen des oben geschilderten Typs ernsthaft zu prüfen. Führende Experten für optische Informationsverarbeitung, wie etwa Lohmann aus Erlangen schätzen ohnehin ein, daß die Chancen des optischen Computers in der Parallelverarbeitung liegen. Prototypen optischer Netzwerkmaschinen wurden kürzlich von Psaltis vorgestellt.

Eine dritte Richtung der Realisierung von Netzwerken sind die von Conrad, Kirby und Hong entwickelten enzymatischen Neuronen. Die Idee besteht darin, lichtempfindliche Moleküle (Rhodopsin) auf künstlichen Membranen zu plazieren. In enger Beziehung dazu stehen optisch-chemische Netzwerke, wie sie experimentell von Kuhnert und Mitarbeitern und theoretisch auch von uns untersucht werden. Das Prinzip entspricht mehr oder weniger dem des enzymatischen Neurons, abgesehen von der ganz verschiedenen chemischen Struktur, welche dem Netzwerk zugrunde liegt. Die optisch-chemischen Netzwerke basieren auf der von Kuhnert gefundenen lichtempfindlichen Variante der Belousov-Zhabotinsky-Reaktion. Wegen der Lichtempfindlichkeit des verwendeten neuen Katalysators (Ru) kann der lokale Reaktionszustand unmittelbar über optischen Input gesteuert werden. Das interne Netzwerk ist extrem einfach, da nur eine Diffusionskopplung mit Nachbarzellen vorliegt. Die Auskopplung erfolgt nach unserem Vorschlag über nichtlineare Elektroden, deren Position adaptiv variiert werden kann. Während die optische Aussteuerung von Kuhnert in mehreren Publikationen überzeugend nachgewiesen wurde, existiert zur Zeit für die adaptive Auskopplung nur eine theoretische Untersuchung (Abb. 10).

Schließlich müssen wir noch die naheliegende Simulation von Netzwerken mit Hilfe von Prozessoren erwähnen. Die Firma TRW in Californien bietet einen sogenannten Neuronen-Prozessor an. Der Typ Mark IV der für 53000 Dollar ab 1987 auf

Abb. 10 Prinzip einer optischen Manipulation der Zhabotinsky-Reaktion nach Kuhnert (× = Outputelektroden)

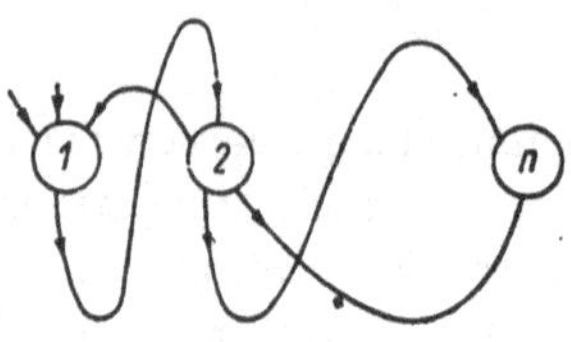

Abb. 11 Prinzip eines Prozessor-Netzwerkes

dem Markt ist, besteht dem Vernehmen nach aus 8 Spezialprozessoren (Abb. 11), mit denen ein Netzwerk mit 1/4 Millionen Knoten und 5 Millionen Verknüpfungen simuliert wird. 85 % des Wertes liegt in einem großen RAM-Speicher für die synaptische Matrix. Mit dem Mark IV können angeblich alle gängigen Netzwerk-Typen von Hopfield bis Hinton simuliert werden. Der Mark IV ist ein auf Netzwerke spezialisierter Computer, der für einen relativ niedrigen Preis die gleichen Leistungen wie eine Simulation auf dem WAX-Computer in 1 % des zeitlichen Aufwandes erreicht. In der Werbung wird die besondere Eignung dieses Netzwerk-Rechners für: Adaptive Steuerung, Entscheidungsprobleme, Regellernen, Verarbeitung unexakten Wissens, Archivierung, Edition, Retrieval und Massenkontrolle hervorgehoben. Schließlich erwähnen wir die akustischen Boltzmann-Maschinen nach Ahnert und Feistel (Abb. 12).

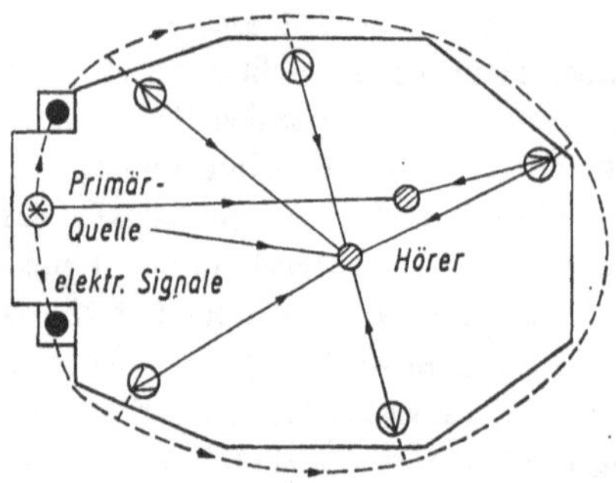

Abb. 12 Prinzip einer akustischen Boltzmann-Maschine nach Ahnert und Feistel, bestehend aus der Primärquelle (Input), den Hörern (Output-Ebene) und einem Lautsprecher-Netzwerk (interne Ebene). In einer Computer-Simulation werden Anzahl, Ort, Pegel, Richtung, Verzögerung usw. der Lautsprecher solange stochastisch variiert, bis eine optimale Hörqualität für alle Hörer erreicht ist

10. Schlußbemerkungen

Am Schluß möchten wir noch einmal betonen, daß die Netzwerkmaschinen in der Tat noch in den Kinderschuhen stecken. Ein Vergleich mit Leistungen moderner Computer wäre deshalb weder gerecht noch fair. Es sprechen viele Argumente dafür, daß dieser neue Typ der Informationsverarbeitung sehr aussichtsreich ist. Außerdem ist seine Entwicklung mit einem vergleichsweise mäßigen Aufwand verknüpft.

Lassen Sie mich noch einen Satz Johann von Neumanns zitieren: „All das wird zu Theorien (der Berechenbarkeit) führen, die viel weniger starr und nicht von der Alles-oder-Nichts-Struktur der formalen Logik sind. Diese werden viel weniger kombinatorischen und mehr analytischen Charakter tragen. In der Tat gibt es zahlreiche Hinweise, die uns glauben machen, daß das neue System der formalen Logik sich einer Disziplin nähern wird, die in der Vergangenheit wenig mit Logik zu tun hatte. Es handelt sich um die Thermodynamik, in erster Linie in der Form die von Boltzmann stammt und die den Teil der theoretischen Physik darstellt, der in einigen Aspekten der Verarbeitung und Messung von Information am nächsten kommt." (Johann von Neumann, Gesammelte Werke, Bd. 5, S. 304).

Zu einer solchen Symbiose der statistischen Thermodynamik mit der Informatik, die von Neumann voraussah, sollte dieser Vortrag einen bescheidenen Beitrag liefern.

Literatur

Ackley, D. H., Hinton, G. E., Sejnowski, T. J.: A Learning Algorithm for Boltzmann Machines, Cognitive Science 9 (1985) 147–169.

Aizawa, M. (Chairman: Proc. Int. Symp. Future Electron Devices Bioelectronic and Molecular Electronic Devices. Nov. 20–21, 1985 Tokyo).

Ahnert, W., Feistel, R.: Programmpaket Delta-Stereofonie. Institut für Kulturbauten. Berlin 1986.

Amari, S., Arbib, M. A.: Competition and Cooperation in Neural Nets. Springer-Verlag Berlin 1982.

Basar, B.. Flohr, H., Haken, H., Mandell, A. H. (Eds.): Synergetics of the Brain. Springer-Verlag Berlin 1983.

Bellmann, K. (Ed.): Molecular Genetic Information Systems. Modelling and Simulation. Akademie-Verlag Berlin 1983.

Bienenstock, E., Fogelman, F., Weisbuch, G. (Eds.): Disordered Systems and Biological Organization. Springer-Verlag Berlin 1986.

Boseniuk, T., Ebeling, W.. Engel, A.: Boltzmann and Darwin Strategies in Complex Optimization. Physics Letters (1987).

Conrad, M.: The lure of molecular computing. IEEE Spectrum Oct. (1986) 55–60.

Conrad, M.: On Design Principles for a Molecular Computer. Communications of the ACM 28 (1985) 464–480.

Conrad, M.: Microscopic-macroscopic interface in biological information processing. BioSystems 16 (1984) 345–363.

Denker, J. S.: Neural Network Models of Learning and Adaptation. Physica 22D (1986) 216–232.

Dress, A., Jaeger, N. I., Plath, P. J.: Zur Dynamik idealer Speicher. Ein einfaches mathematisches Modell. Theor. Chim. Acta **61** (1982) 437–460.

Ebeling, W.: Pattern Dynamics and Optimization by Reaction Diffusion Systems. Journal of Statistical Physics 45 (1986) 891–903.

Ebeling, W.: Experimentelle Psychologie an der Berliner Universität. Wiss. Z. Humboldt-Universität Berlin, MNR 36 (1987) 385–389.

Ebeling, W., Feistel, R.: Physik der Selbstorganisation und Evolution. Akademie-Verlag Berlin 1982, 2. Aufl. 1986.

Ebeling, W., Engel, A.: Models of Evolutionary Systems and Their Application to Optimization Problems. Syst. Anal. Model. Simul. 3 (1986) 377–385.

Ebeling, W., Engel, A.: Evolutionary Strategies in Complex Optimization. Proc. 16th. IUPAP Int. Conf. on Thermodynamics and Statistical Mechanics. 10–16 August 1986 Boston University. Boston Mass.

Ebeling, W., Kuhnert, L.: Welche Aussichten haben Chemo- oder Biocomputer? URANIA 7 (1986) 56–61.

Ebeling, W., Ulbricht, H. (Eds.): Selforganization by Nonlinear Irreversible Processes. Springer-Verlag Berlin 1986.

Engel, A.: Frustration in komplexen Systemen. Wiss. Z. Humboldt-Universität Berlin MNR 35 (1986) 418–427.

Farmer, J. D., Packard, N. H., Perelson, A. D.: The Immune System Adaption and Machine Learning. Los Alamos Nat. Laboratory. Los Alamos 1985.

Feistel, E.: Physik und Evolution. Wiss. Z. Humboldt-Universität Berlin 35 (1986) 412–417.

Gibbs, H. et al. (Eds.): Optical Bistability III. Springer-Verlag Berlin 1986.

Haken, H. (Ed.): Complex Systems-Operational Approaches in Neurobiology, Physics and Computers. Springer-Verlag Berlin 1986.

Hinton, G. E., Anderson, J. A.: Parallel Models in Associative Memories. Erlbaum 1981.

Hogg, T., Hubermann, A.: Parallel Computing Structures. J. Statistical Physics **41** (1985) 115–123.

Holland, J. H.: Escaping Britteness: The Possibilities of General Purpose Learning Algorithms Applied to Parallel Rule-Base Systems. Machine Learning 2 (1986).

Hopfield, J. J., Tank, D. W.: Computing RC-Networks. Biol. Cybernetics 52 (1985) 141–150.

Hopfield, J. J.: Neural networks and physical systems with emergent collective computational properties. Proc. Nat. Acad. Sci. USA 79 (1982) 2554–2558.

Hopfield, J. J., Feinstein, D. I., Palmer, R. G.: Unlearning has a stabilizing effect in collective memories. Nature 304 (1983) 158–159.

Hoppensteadt, F. C.: An Introduction to the mathematics of neurons. Cambr. Univ. Press. Cambridge 1986.

Iwainsky, A. (Ed.): Optimization of Connection structures in Graphs, Publ. des ZKI der AdW. Berlin 1985.

Kinzel, W.: Learning and Pattern Recognition in Spin Glases Models. Z. Phys. B 60 (1985) 205–213.

Kirkpatrick, S.: Lecture Notes in Physics **149** (1981) 280. Springer-Verlag Berlin 1984.

Kirkpatrick, S., Gelatt, C. D., Vecchi, M. P.: Optimization by Simulated Annealing, Science 220 (1983) 671–680.

Kirkpatrick, S., Toulouse, G.: Configuration space analysis of the travelling salesman problems. J. Physique 46 (1985) 1277–1292.

Kirby, K. G., Conrad, M.: The enzymatic neuron as a reaction-diffusion network of cyclic nucleotides. Bull. Math. Biol. 46 (1984) 765–783.
Kirby, K. G., Conrad, M.: Intraneuronal Dynamics as a Substrate for Evolutionary Learning. Physica 16D (1986).
Knobloch, J., Fischer, W.-J.: CMOS-Gate-Array-Schaltkreise. Wissenschaft u. Fortschritt 36 (1986) 4, 94–97.
Kohonen, T.: Selforganization and Associative Memory. Springer-Verlag Berlin 1984.
Krinsky, V. I., Mikhailov, A. S.: Avtovolny. Znanije Moskva 1984.
Kuhnert, L.: Nature 319 (1986) 393; Naturwiss. 73 (1986) 96.
Kürten, K. E., Clark, J. E.: Chaos in Neural Systems. Physics Letters 114A (1986) 413–418.
Lieberman, E. A. et al.: Neuron Generator Potentials Evoked by Intracellular Injection of Cyclic Nucleotides and Mechanical Distension. Brain Research 338 (1985) 33–44.
Mezard, M., Nadal, J. P., Toulouse, G.: Solvable models of working memories, J. Physique 47 (1986) 1457–1462.
Minsky, M., Papert, S.: Perceptrons, MIT Press. Cambridge 1968.
Nicolis, J. S.: Dynamics of Hierarchical Systems. Springer-Verlag Berlin 1986.
Nöldechen, A.: Biochips: die Zukunft im Visier. Elektronik 13 (1986) 65–69.
Parisi, G.: A memory whhich forgets. J. Phys. A Math. Gen. 19 (1986).
Peretto, P., Niez, .J,: Stochastic Dynamics of Neural Networks. IEEE Transactions Systems Man and Cybernetics. (1985).
Personnaz, L. Guyon, I., Dreyfus, G.: Information storage and retrieval in spin-glass like neural networks. J. Physique Lett. 46 (1985) L 359–L 356.
Personnaz, L., Guyon, I., Dreyfus, G., Toulose, G.: A Biologically Constrained Learning Mechanism in Networks of Formal Neutrons: J. Statistical Physics 43 (1986) 411–422.
Peschel, M., Mende, W.: The Predator-Prey Model. Akademie-Verlag Berlin 1986.
Rechenberg, I.: Evolutionsstrategie. Optimierung technischer Systeme nach Prinzipien der biologischen Evolution. Frommann-Holzboog-Verlag Stuttgart 1973.
Scofield, C. S., Cooper, L. N.: Developement and properties of neural networks. Contemporary Physics 26 (1985) 125–144.
Schwefel, H. P.: Numerische Optimierung von Computermodellen mittels der Evolutionsstrategie. Birkhäuser Basel 1977.
Sejnowski, T. S.: Teaching a Network to Read Aloud. Lecture 1986.
Sejnowski, T. J., Kienker, P. K., Hinton, G. E.: Learning symmetry groups with hidden units: Beyond the perceptron. Physica 22D (1986) 260–275.
Vedenov, A. A., Levchenko, E. B.: Ob odnom klasse nelineihykh system z pamjatju. Pisma v Zh. E.T.F. 41 (1985) 328–331.
Voigt, H.-M.: Structure Formation Processes. Vectoroptimization and Evolution: An Ecological Approach, ZKI Preprint. Berlin 1985.
Voigt, H.-M.: Structuring and Evolution Processes. Proc. 5th Meeting of the UNESCO Working Group on System Theory. Akademie-Verlag Berlin 1985.
Wolfram, S.: Cellular automata as models of complexity. Nature **311** (1984) 419–425.

ISBN 3–05–500 383–7
ISSN 0138–3965

FSC
www.fsc.org
MIX
Papier | Fördert gute Waldnutzung
FSC® C083411

Zeitfracht Medien GmbH
Ferdinand-Jühlke-Straße 7
99095 Erfurt, Deutschland
produktsicherheit@kolibri360.de